Eduardo Argentino Campi

Leis temporais da natureza na ciência maia pré-colombiana

AF551162

Eduardo Argentino Campi

Leis temporais da natureza na ciência maia pré-colombiana

A modernidade científica dos maias pré-colombianos

ScienciaScripts

Imprint

Any brand names and product names mentioned in this book are subject to trademark, brand or patent protection and are trademarks or registered trademarks of their respective holders. The use of brand names, product names, common names, trade names, product descriptions etc. even without a particular marking in this work is in no way to be construed to mean that such names may be regarded as unrestricted in respect of trademark and brand protection legislation and could thus be used by anyone.

Cover image: www.ingimage.com

This book is a translation from the original published under ISBN 978-620-0-01606-5.

Publisher:
Sciencia Scripts
is a trademark of
Dodo Books Indian Ocean Ltd. and OmniScriptum S.R.L publishing group

120 High Road, East Finchley, London, N2 9ED, United Kingdom
Str. Armeneasca 28/1, office 1, Chisinau MD-2012, Republic of Moldova, Europe
Managing Directors: Ieva Konstantinova, Victoria Ursu
info@omniscriptum.com

Printed at: see last page
ISBN: 978-620-8-59846-4

Copyright © Eduardo Argentino Campi
Copyright © 2025 Dodo Books Indian Ocean Ltd. and OmniScriptum S.R.L publishing group

Índice

DEDICAÇÃO;

Este trabalho é dedicado ao Historiador da Ciência J. Babini.

PRÓLOGO.

O material apresentado nestes textos foi-me trazido pelo autor, um dia no início de novembro. Esclareça-se que, inicialmente, me perguntei (com algumas dúvidas) se poderia compreender, sem ter estudado previamente o assunto, o que Eduardo apreciava e queria transmitir sobre os Maias Pré-Colombianos e a História da Ciência Universal; uma questão que me foi revelada com a leitura voraz destas interessantes páginas.

Aqui, sem dúvida, o leitor interessado terá a base necessária para compreender a maravilhosa contribuição dos maias pré-colombianos para as ciências naturais.

No início, é apresentada uma comparação entre a Ciência Maia Pré-Colombiana e a Ciência atual, destacando os feitos da primeira na descoberta das Leis Matemáticas e a sua aplicação à Agricultura. Em seguida, introduz-se a previsão de fenómenos pela Ciência Pré-Colombiana, aludindo à notável descoberta pelos Maias da Serialidade dos eclipses e ao cultivo de vários ramos científicos, levando a cabo uma grande tarefa científica (não reconhecida), que foram expressos através de quatro notáveis leis objectivas.

A primeira destas Leis da Natureza é a do implante foliar do milho (Agricultura), descoberta pelos Maias muito antes dos Ocidentais, onde é comparada à Lei da queda livre de Galileu da física moderna. É aqui que se observa uma semelhança na obtenção dos números representativos das suas séries. Neste ponto, leyse deixa claro que eles estavam à frente do seu tempo neste domínio e que este foi o seu primeiro passo em direção à modernidade. Não se pode negar, portanto, que a semelhança entre a ciência pré-colombiana e a ocidental é a qualidade da modernidade.

A segunda lei de referência é a das potências infinitas (Aritmética), onde se mostra que os Maias chegam ao infinito matemático ou potencial através de diferentes épocas: um facto mais do que evidente para afirmar que os pré-colombianos formalizavam a ideia de eternidade.

Quanto à terceira lei, denominada Sistema Integrado, Eduardo prova que a astronomia maia era uma Ciência e coroa o final do capítulo com a possibilidade de se ter chegado a um heliocentrismo parcial através de um pensamento de equações exactas.

A última Lei da Ciência Clássica do Calendário é a da Conservação Temporal, como é que os Maias conseguiam estimar o tempo com exatidão (conservá-lo)? A resposta está na leitura deste grande texto, mas hoje só posso adiantar que os prodigiosos calendaristas maias já tinham um poderoso calendário moderno na antiguidade.

Para concluir esta emocionante leitura, é apresentada a Lei Universal do Primeiro Dígito, que os intelectuais maias não enunciaram explicitamente, mas que os seus números começam a cumprir (aplicando a ciência). Diz que quando um número é maior, as propriedades do sistema são regidas por leis mais simples.

Quanto ao meu receio inicial, de não entender o assunto, hoje posso dizer que estou convencido, a partir destes breves textos, de que as contribuições (não aceites) dos Maias na Agricultura, Matemática, Astronomia e Calendários foram espantosas desde o nível pré-moderno até ao moderno; tornando-a a ciência ocidental moderna que se assemelha à pré-colombiana.

Sem dúvida, estes escritos não deixarão nada ao acaso e este grande escritor, erudito e profissional não só poderá convencer-me, mas também comprovar-me com exatidão tudo o que se relaciona com a Ciência Maia Pré-Colombiana e as suas grandes contribuições da modernidade para a Ciência Universal, como também o fará consigo.

Concepción del Uruguay, 11 de novembro de 2024.

MarisaViviana Romero

Especialista em Educação em Ciências Professor de Matemática Professor Investigador e docente da UTN, FRCU Docente da Universidade Autónoma de Entre Ríos, FCYT

AGRADECIMENTOS.

Pessoalmente, tive uma carreira considerável como autor que conseguiu publicar uma série de títulos sobre a ciência e a sua epistemologia.

Ao recontar esta história, ela seria basicamente a seguinte.

(1987) foi publicado "Epistemologia da Psicologia Clínica" (Faculdade J. F. Kennedy). Traça-se um panorama da contribuição de Freud para a psicologia até à atualidade. Desde a hipnose até à psicanálise da personalidade humana. Embora a psicanálise, como parte da ciência, tenha que melhorar algumas das suas partes internas, a sua contribuição para a psicologia é notória.

(1988) "O papel do sociólogo na Argentina" (Artes e Ciências). Neste trabalho detalhamos o papel construtivo dos sociólogos profissionais, no que diz respeito à sua disciplina. Que, apesar da crítica de BUNGE, deve ser completada com a ajuda do resto da psicologia, como VERON explicou anos atrás.

(2010) "Derechos humanos Precolombinos a la Creación científica" (secretaria derechos humanos de la Provincia de Entre Ríos). Aqui já defendemos os direitos dos Pré-Colombianos (como solicitado por MORGAN), no que diz respeito à criação científica. É isto que publicamos hoje e que reivindicamos para os Mayas. Este facto foi também reconhecido na Declaração de BUDAPEST (1999). Se tivermos em conta o que MANCISIDOR (ONU) explicou, que só em 2013 a revista Science publicou um artigo deste género, não estávamos assim tão longe no tempo.

(2019) A psicologia integrada da evolução da personalidade (Editorial Académico Español). Este estudo - tanto quanto sabemos - é o primeiro a combinar a integração completa (afetividade, inteligência) e sistemática (bebé, primeira e segunda infância, adolescência) das teorias de FREUD e PIAGET (pessoalmente, pertencemos durante algum tempo à SEPY: Sociedade para a Integração da Psicoterapia). O psiquiatra de crianças e adolescentes deu-nos o seu trabalho sobre o assunto.

(2020) "Modernidade Científica dos Maias Pré-Colombianos" (Editorial Académico Español). Neste trabalho elaboramos a tese da criação científica dos maias pré-colombianos. Começamos com a tarefa de estudar centralmente os diferentes calendários (Lunar, Solar, Vénus, Marte, Contagem Curta e Longa), e a sua consequente epistemologia, elaborados por aquele povo. Começámos a perceber que a primeira Modernidade científica do Mundo foi levada a cabo por pessoas de pele Cacau (não caucasiana).

(2021) "Leis Científicas da Natureza Humana" (Editorial Académico Español). O autor, TAYLOR, dizia que se existem Leis num campo científico (Físico-Química, etc.), deveríamos encontrá-las também noutros campos de estudo. Estamos a começar a estudá-las aqui, na Psicologia Evolutiva, na Economia Social, na História da Ciência e na biologia das espécies.

(2022) "Leyes del Modo de producción de los Conocimientos Científicos" (Editora Académica Espanhola). Desenvolve-se aqui uma história da ciência comparada entre o Oriente e o Ocidente. Ou seja, são destacadas as caraterísticas epistemológicas mais notáveis de ambas as orientações.

Atualmente, estamos em negociações para publicar (Editorial Académico Español), o breve trabalho "As Leis da Natureza Temporal da Ciência Maia Pré-Colombiana". Este deve ser visto como o coroamento de toda a história intelectual apresentada até agora.

TRABALHOS ANTERIORES do AUTOR sobre a Sociedade Maia.

Este é um pequeno livro, que trata essencialmente da História da Ciência Comparada. No entanto, os únicos cálculos que aqui se encontram são as operações aritméticas básicas (adição, multiplicação, etc.) com que os Maias trabalhavam. Assim, embora esta obra se destine a especialistas, com um pouco de paciência, é fácil de compreender pelo cidadão comum.

Reconhecemos aqui como importante - pelas coincidências - o trabalho de dois Historiadores da Ciência; SANTILLANA-DECHAND: 'O Moinho de HAMLET' (chamam aos primeiros 'cientistas arcaicos') e o dos antropólogos GRAEVER-WENGROW: 'A Aurora de Tudo' (reconhecem que a ciência primitiva começou a ser construída nas aldeias). Além disso, para o nosso próprio trabalho sobre os Maias, temos consciência de algumas imprecisões (que aqui corrigimos), que serão sempre de menor importância, tendo em conta a omissão da Modernidade científica alcançada na Ciência do Calendário Clássico pelos povos pré-colombianos.

A tese central desta história não é a de saber qual o ramo da ciência (física ou calendários) que é superior ou melhor, pois isso depende do objetivo para o qual deve ser utilizado. Aqui vamos verificar comparativamente em que caso (sociedade maia oriental ou norte do hemisfério ocidental) uma qualidade importante como a ciência moderna se desenvolveu primeiro no seu respetivo ramo de estudo com leis escritas.

Os Maias históricos representam meritoriamente toda a América, mas especialmente a América Latina (Argentina), que foi o lugar, de onde esta nova descoberta inédita (tese sobre as leis científicas modernas) foi enunciada.

Antes de passarmos à fundamentação da nossa tese, é útil referir algumas das caraterísticas gerais que os maias históricos (enquanto sociedade oriental no seu modo de vida) tinham ou não tinham.

Em primeiro lugar, nunca constituíram um Império unificado, pois apenas cumpriram alianças parciais: TIKAL-NARANJO ou KALAKMUL-CARACOL.

Também não viviam (se seguirmos arquitectos como CHUECOGOITIA) em cidades (civis ou burgos), já que a unidade política mais elevada era a do Centro Cerimonial Agrário, governado por dinastias teocráticas (COPAN: Céu;

PALENQUE: Escudo, etc.).

Os Maias, através do povo QUICHE, escreveram o POPOL VUH, que foi considerado semelhante à Bíblia. Aí, são proibidos os sacrifícios humanos (GIRARD), que tiveram de ser substituídos por borboletas-serpentes. Em conclusão, os dois territórios (maias clássicos - Ocidente atual) terão dificuldade (apesar do mandamento) em evitar a morte de pessoas. Assim, se uma região é civilizada nestes termos, a outra também o será; ou então ambas são arcaicas neste sentido (barbárie). Se esta igualdade moral não for tida em conta, é um erro não corrigido, que até os antropólogos cometem (artigo de jornal), mas atenuam (apesar da nossa advertência) os seus verdadeiros exemplos (é a própria negação de sustentar que no Ocidente não há referência ao mandamento de não matar).

Mas uma das maiores lacunas - na nossa opinião - dos maias pré-colombianos é a incapacidade de explicar em pormenor como é que eles, sem qualquer técnica instrumental desenvolvida (estavam na idade da pedra), conseguiram chegar à sociedade clássica e ao estabelecimento da sua Alta Cultura (o que, sem qualquer explicação alternativa, não deveria ter acontecido). Um dos poucos autores que analisa esta deficiência é SHARER na sua obra The Mayan Civilisation.

A questão fundamental não é saber porque é que os Maias caíram (o que explicaremos mais tarde), mas quando é que entraram em crise. Ou seja, o que é que lhes aconteceu que, apesar da sua meritória compensação (que tem a ver com o nosso trabalho), não conseguiram ultrapassar a situação.

Também se escreveu erradamente (MITRE 1949) sobre a capacidade intelectual dos Maias:

"Pensar que com os elementos e *naquele ambiente se poderia incubar* e *expandir um binómio como o de NEWTON, uma mecânica como a de LAPLACE, uma inventividade como a de FULTON ou EDISON, seria mais do que pedir peras a um ulmeiro. Seria como esperar que os caracteres da imprensa pudessem estar nas mãos dos selvagens,* e *coordenados por eles, em milhões* e *milhões de formas, que a Divina Comédia de DANTE pudesse nascer, desde que a inteligência não presidisse à operação. Portanto, sem o princípio de vida fecunda que inoculou o sangue da civilização europeia, o homem americano teria vegetado como as suas árvores, sem assimilar novas forças reprodutivas, como o selvagem de*

MONTESQUIEU, que abateu a palmeira para colher o fruto. Deus não deu ao índio americano as oportunidades com que as raças superiores traçam o seu próprio destino e *alargam as bases do génio transcendente.*

Como explicaremos neste artigo, quase todo este fragmento é erróneo. Esta é a grande superstição que o Ocidente elaborou sobre o indigente selvagem pré-colombiano (índio), sem a corrigir na sua maioria (isto apesar das excepções), até agora. A inteligência coordenou muito bem o trabalho dos Maias, tão bem (isto é, com acertos e erros), como em qualquer outra parte do mundo. Isto deveu-se em grande parte ao facto de terem tomado os vegetais (plantas, árvores) como arquétipo. Se tudo isto já fosse aceite, o nosso trabalho atual não teria aparecido.

Os Maias, como quase todos os povos do mundo, começaram intelectualmente, com uma etapa pré-moderna, baseada nos "4/5 Elementos". Este conjunto de significados é composto - como o seu nome indica - por duas partes complementares unidas: os números (4/5, etc.) e os Elementos da Natureza (água, ar, terra, fogo, madeira).

Estes aspectos estavam plasmados no glifo número 7 MANIK do Calendário Central da Contagem dos Dias, que era a imagem de uma Mão. Esta representava tanto o trabalho social produtivo (artistas-artesãos) como a base numérica dos dedos para a contagem (não é por acaso que o sistema vigesimal básico deriva de dois pares de mãos unidas).

O ponto central deste trabalho serão os números (4, 5, etc.). O matemático STEWART disse que na história o número 4 (CAN) é o número que melhor representa os Elementos. Estes numerais foram aplicados à Natureza real, daí que os números maias (inteiros positivos) provenham do campo dos Naturais (HENSEL). Assim, não é por acaso que os números, hoje em dia, são uma parte integrante da ciência (Aritmética).

Os Elementos Naturais (Ar, água, terra, fogo, madeira), estavam relacionados com a produção social, em que as pessoas da aldeia, com os seus utensílios caseiros (panelas, almofarizes, etc.), começavam a construir um conhecimento objetivo. A água (HA) era utilizada para a agricultura; o fogo (KAK) era utilizado para cozinhar; o elemento terra ou pedra (CAB) era utilizado (cal) para a construção; e assim por diante (Ar: IK; Madeira: TE, etc.).

Esta atividade técnica de aplicação simples (instrumentos anteriores às primeiras máquinas de vento) não só sustentaria a sociedade, como adquiriria um valor acrescentado ou heurístico para o desenvolvimento do conhecimento (ciência). Pois a atividade doméstica que podia ser realizada por quase todos, ao alcance apreciável das suas mãos (trabalho prático), deslocou-se no seu esquema causal para a Natureza, que não era diretamente percetível (invisível) ou fora do alcance das mãos (afastamento).

Assim, o plano celeste (céu noturno) foi pensado como um rio, ao longo do qual as canoas navegavam, transportando as estrelas (relacionadas com as técnicas de navegação). As propriedades do fogo de cozedura foram transferidas para o sol (luz, calor). A disposição das pedras e as medidas dos agrimensores ou dos construtores vão moldar o esquema espacial do universo (pisos escalonados). As plantas de casa eram o paradigma do conhecimento humano, uma vez que as pessoas cresciam de baixo (chão) para cima (a espiga representava frequentemente a cabeça dos seres humanos).

Assumiu-se, assim, uma relação de semelhança causal (e não de forças) entre Natureza e Sociedade, e vice-versa. Embora este procedimento nem sempre seja correto, não deve ser subestimado, pois vários dos seus elementos chegam até aos nossos dias: milho, algodão, mamão, charutos, cacau, pastilhas elásticas, borracha, algumas substâncias químicas e medicinais (esta atividade é reconhecida pela UNESCO).

Ao longo dos séculos, a parte manual do conhecimento foi aperfeiçoada e passou a chamar-se: experimental (controlos variáveis). Também não é por acaso que a palavra Elementos aparece como título em várias obras de ciência (Geometria, Física, Química, etc.). Mesmo as pessoas comuns continuam, por vezes, a referir-se à ação dos elementos da Natureza.

Quando os Maias atingiram o seu zénite intelectual ou científico (nos séculos III-IV d.C.), os diferentes elementos foram englobados numa lei Matemático-Aritmética, uma vez que todos eles (Ar, Água, Terra, Fogo), representados no cume dos seus monumentos (estelas), cumpriam igualmente a temporalidade numérica (lei IV). Assim, na parte superior o espaço celeste ou céu (Ar) era simbolizado por (5) CHICHAN (serpente voadora); na parte intermédia a Água (representada por uma parte de peixe), era assinalada calendricamente como

(12) EB; abaixo a Terra ou pedra era o (17) CAB e na última parte abaixo, estava o fogo (círculo solar), indicado no calendário como (20) AHAU. Tudo isto junto, começou a contar (contando no Centro) nas 5 Eras (ver Lei II).

O sentido de ser "primordial" (matéria-prima) continua a ser válido para a palavra "elementos" no domínio das ciências naturais.

"Os Maias podem interessar ao Historiador da Ciência" M. COE.

a ciência maia pré-colombiana e a ciência atual.

É claro que a ciência do presente não é a ciência maia pré-colombiana, mas a recíproca também é verdadeira, pois no passado, a ciência maia fez conquistas ainda não encontradas no Ocidente. Além disso, alguns cálculos de calendário continuam a ser mais exactos do que os do Ocidente.

A ciência maia, com a mesma lógica operacional (formal-empírica) que a utilizada mais tarde no Ocidente, passou pelas principais fases: pré-moderna, moderna e de enunciação das Leis. Quando os comentadores ocidentais se referem a uma fase "não científica", é melhor pensar em pré-moderno, e quando nos dizem "maravilhoso" ou "interessante", o termo qualitativo adequado é "modernidade".

O processo histórico científico desenrolar-se-á continuamente numa sociedade com um modo de vida oriental (GOLDEN), que orientou o modo de produção do conhecimento científico para um ramo diferente da física ocidental (a influência social ocidental sobre a física foi reconhecida mesmo por HAWKING). Assim, na América estudar-se-ia a concordância temporal (sincronia) e no Ocidente sobretudo a Força (HP).

Poucos autores se aperceberam (SPRAJT, AVENI, COE), que os Maias pensaram numa ciência (Calendária) e menos ainda, ninguém se apercebe, da altura comparativa que foi atingida. Esta atividade intelectual era uma Ciência, porque já tinha em si os 3 planos correspondentes à atual. A aplicação técnica (Agricultura), o controlo de variáveis (períodos Luni-solares, etc.) e finalmente, a conceção teórica maior (tempo infinito).

A palavra inglesa "science" não é a primeira palavra no mundo a definir o significado científico, pelo que aqui utilizaremos algumas das palavras maias, que mais se aproximam destes adjectivos (no futuro encontraremos outras mais precisas). Assim, a ciência pré-colombiana (CHUN YAX) não só descobrirá as leis matemáticas, tal como definidas atualmente pelos autores científicos ocidentais (CARNAP, PICKOVER, etc.), mas também as expressará verbalmente.

MERTON para Ciência moderna anotada (tomaremos esta definição como referência comparativa de base para as Leis Maias):

"É necessário que os fenómenos sejam concebidos de forma a que o heterogéneo seja reduzido a processos homogéneos quantificáveis. Os elementos repetidos são índices de uma Lei. Uma vez que os fenómenos tenham sido reduzidos à ordem, a uma unidade comum, tornam-se manipuláveis" (I).

Como analisaremos os Maias cumpriram quase todos estes requisitos (TZOL: Ordem, enumeração, etc.), portanto, essa definição de Direito científico, será o nosso modelo (MOCH), para aplicar comparativamente na obra maia.

A aplicação corresponde à agricultura. Esta atividade será matematizada por meio de contas (operações), que no total duravam na Mesoamérica 260 dias do ano (SPRAJT). Por exemplo, o calendário agrícola maia (GIRARD) começava a 8 de fevereiro e terminava a 25 de outubro (20 de fevereiro + 31 de março + 30 de abril + 31 de maio + 30 de junho + 31 de julho + 31 de setembro + 25 de outubro = 260 dias). Em função da geografia, estas datas podiam ser deslocadas, obtendo-se assim pelo menos 2 colheitas anuais: 1) 52 dias (30 de abril-21 de junho) e 2) 73 dias (13 de agosto-25 de outubro).

Embora os Maias não dispusessem de instrumentos técnicos (animais de tração, roda, arado metálico, etc.), porque utilizavam uma vara de plantar com uma ponta endurecida pelo fogo (XUL), produziram uma revolução produtiva (LUCAS, prémio Nobel da Economia). Isto aconteceu porque o que não tinham em tecnologia concreta, supercompensaram com a sua ciência calendária aplicada à agricultura (como hoje dizemos no Ocidente: "ciências agrárias").

Para explicar esta incógnita, é necessário pensar que, embora nenhuma força possa ser aplicada às plantas (JUILLIEN), os europeus já dispunham - graças à tecnologia eólica - do cavalo a vapor (CV), e que 4000 CV equivaliam ao trabalho de 40.000 pessoas (BRAUDEL observou que 10 milhões de cavalos a vapor estavam disponíveis para o Ocidente). Isto torna impossível tentar igualar esta força produtiva, com base no trabalho de grupo (exigiria uma sobrepopulação inexistente na região dos Maias, pois seria antes a de todo o continente americano).

A civilização maia clássica entrará em colapso (guerra com seca crónica prolongada de 3 séculos, a partir do século X d.C.), quando este acaso numérico calculável nas suas médias (épocas de chuva), se transformar em "acaso selvagem" (MALDENBROT). Ou seja, quando a metodologia acima referida (época de plantação, precipitação, colheita) não pôde ser corretamente seguida ou evitada de forma estável. No entanto, a partir destas operações históricas, para as plantas de milho, uma (primeira) lei emergirá.

Para continuar com o tema das plantas, o próprio DARWIN sublinhou a importância do controlo das variáveis (experimental), que é dado aos "criadores", incluindo os domesticadores de plantas culturais (como o milho Maia). Com estes cruzamentos, trata-se de obter um efeito cumulativo (ao longo de gerações sucessivas) a partir de qualidades quase invisíveis. O autor inglês afirma que apenas 1 pessoa em 1000 possui esta capacidade criativa, e acrescenta;

"Se for dotado destas qualidades (visual e raciocínio), a pessoa, durante todos os anos da sua vida, estuda com uma perseverança inabalável, conseguirá obter melhorias" (2).

Pela mesma razão, especialistas actuais (FEDEROFF, etc.) afirmam que este foi o primeiro feito da engenharia genética. O geneticista DOBZHANSKI refere que, em alguns casos, as combinações orgânicas (cruzamentos), são superiores ao número de partículas constituintes do Universo. Assim, os Maias cooperaram seletivamente com o poder criador da evolução das espécies, conseguindo um aumento de tamanho, número de grãos, etc. (a hormona vegetal Rubisco é um dos compostos que se encontra em maior quantidade no nosso planeta). MAGENDORF relata que, na geografia Maia (KUAUTEMALLAN), foram encontrados todos os arranjos de grãos na espiga. BEERLING explicou que os vegetais são os únicos que incorporam a energia do exterior (sol) na cadeia da Vida. ROSES-CHUA acrescenta que "as plantas são máquinas", sendo este artefacto orgânico (BENZ), composto pelos Humanos (Milho), que os ajudou a produzir na escala já referida.

Na maioria dos casos, as Leis da Ciência, no seu esquema (KOHEN), são sintetizadas a partir da lei religiosa, quando a sua obrigação moral (dever) é transformada numa regra numérica, que se cumpre aritmeticamente (objetividade). Alguns Mayas conseguem-no, partindo da sua religião ortodoxa (BRODA), ainda que com um deísmo parcial (pois eram sacerdotes comoCOPERNICO).

Já explicámos que os pré-colombianos escreviam as suas leis com formulações aritméticas, o que não significa que não sejam ciência, a prova é que esses números nos seus resultados coincidem com algumas fórmulas iniciais da ciência europeia moderna posterior (física, calendários).

Neste trabalho sobre a história da ciência, vamos seguir o caminho marcado pelas operações numéricas, porque estas, tal como as da ciência ocidental, dependem da existência prévia de operações mentais (pensamento) que as produzem (não pode haver operações aritméticas sem operações mentais anteriores que as tenham criado). Também para os Maias estes dois planos operativos eram companheiros ou andavam juntos (CUATES). O equilíbrio psicológico das diferentes significações mentais dá-se quando se realizam 2 operações psicológicas (uma direta e outra inversa): X + Y = Z; Z-Y = X (onde a primeira significação X - qualquer que seja para o sujeito que a pensa - permanece igual ao X final; isto é, X = X). O matemático GAUSS explicou algo semelhante para a formação do número zero (0), quando escreveu + 1 -1 = O. O mesmo na versão das operações maias seria:

(KITAN) + (HUN) 1 (KUNAH) - (HUN) 1 (LUB) = (MI) 0 .

Psicologicamente (PIAGET 3) as diferentes operações mentais derivam da interiorização de comportamentos humanos, com diferentes objectos (+: juntar, -: separar, =: trocar, etc.). Estas acções em Maya são +: YUC - e -: TZUC (movimentos opostos e complementares). Estas operações mentais, ao conservarem os objectos, descentram as pessoas do erro das aparências (por exemplo, 5 pedras seguidas continuam a ser iguais em quantidade a 5 pedras agrupadas).

Desta forma estudaremos as operações exactas (LUB=), realizadas pelos pré-colombianos, pois demonstrarão a descentralização mental adaptada (objetiva), que conseguiram cientificamente (como qualquer outro cientista do mundo), elaborando o desapego do erro, do seu EU subjetivo (contradição assimétrica descompensada).

Assim, os Maias não só colocavam números nos seus nomes particulares (7 Serpente, 0 para os sacerdotes calendaristas, etc.), mas também humanizavam os números (rostos de pessoas, etc.). Assim, os seus monumentos de pedra esculpida (estelas), com figuras humanas rodeadas de rostos numéricos, eram uma rústica radiografia literal do espírito humano, mostrando o significativo funcionamento interno das Pessoas.

Os números eram Alters Egos (antropólogos) ou os seus outros Eus Psicológicos (SIITS). Como referiu PTOMKIN, na Mesoamérica recria-se uma nova economia (numérica) da Mente Humana, em que as diferenças anatómicas (partes do corpo como os rostos) são mentais (AUSTIN). Por exemplo, o número zero (MI) era indicado por um rosto que levava o queixo (pera). Assim, os MAYAS foram os únicos a ter um sistema numérico com cabeças humanas (o que, de certa forma, humanizou a aritmética).

Mas os rostos não só mantiveram uma perspetiva de perfil (plana), como também lhes foi acrescentada uma dimensão tridimensional de escultura (que pode ser vista na sua arquitetura). Assim, na construção de edifícios (UXMAL, CHICHEN ITZA), os cantos, mostravam rostos (máscaras), com as suas metades reais viradas para trás do observador, que as aprecia, a partir do vértice da construção. Era o inverso da pintura europeia do Renascimento, em que o plano real do quadro (tela) estava virado para a frente e a profundidade virtual, em perspetiva, estava virada para trás do plano. Assim, se o observador se colocasse ao lado da construção (corpo paralelo a uma das paredes), só via uma das metades do rosto (rosto parcial). Para perceber o rosto inteiro, o observador tinha de se colocar, na posição de frente para o vértice (do ângulo das duas paredes), com o corpo paralelo à tangente que passa pelo ângulo do canto (se o fizesse, o mascarão também olhava para ele).

Claro que não afirmamos aqui, que a Ciência Clássica do Calendário é superior à Física, nem vice-versa, pois não há um ramo científico superior ao outro (pois todos servem), dependendo o seu valor mais, do que é exigido ao respetivo conhecimento científico (tempo, força, etc.).

De seguida, após um primeiro exemplo, daremos mais 4 no total (um por cada ramo de estudo), que serão suficientes para demonstrar o que já foi referido. Por outras palavras, que uma ciência moderna pré-colombiana se constituiu com os enunciados de Leis. Esta qualidade adequa-se a este facto, pois a maioria dos argumentos maias estão associados a exemplos modernos posteriores da Ciência

Ocidental.

INTRODUÇÃO; A PREDICÇÃO do FENÓMENO.

Este é um escrito sobre a ciência pré-colombiana e as leis que obteve. Embora haja contribuições de outros povos (OLMECAS, ZAPOTECAS), trata-se especificamente dos Maias, que obviamente encarnavam uma sociedade ampla (escrita, religião, etc.), o que não pode ser negado (talvez a menos desenvolvida dela fosse a técnica). O contrário (como fazem vários autores), omitir a negação de que eles também praticavam uma tarefa científica, é um grande erro, próximo da ignorância discriminatória. Como se trata basicamente de aritmética aplicada em diferentes domínios, a sua simplicidade torna nula a desculpa da incompreensão dos progressos obtidos, se nos referirmos à história da ciência comparada.

Pois alguns intelectuais maias, que, graças às suas operações mentais, se afastaram do reducionismo religioso, não só cultivaram vários ramos científicos (aplicações, aritmética, astronomia, calendários), como também exprimiram esses conhecimentos através de leis objectivas. É isto que iremos demonstrar basicamente.

Para dar um exemplo de uma qualidade moderna, citaremos POPPER (Lógica da investigação científica), quando explicou: "a tarefa da Ciência Natural é procurar Leis que nos permitam deduzir previsões"(4). Será isso que os Maias farão no seu campo de estudos (previsão das estações, etc.), mesmo de forma exacta (numérica).

No ramo da sua astronomia, não só obtiveram uma ciência (AVENI), como também preencheram aquelas caraterísticas avançadas, ou seja, a capacidade de prever cientificamente os acontecimentos, antes de eles acontecerem (na noção de órbitas, no entanto, estavam tão errados como o próprio COPERNICUS).

Neste sentido, era então a astronomia "especializada", tal como é agora reconhecida no Ocidente, que permitia aos astrónomos cumprir a tarefa de prever os eclipses. Atualmente, alguns astrónomos reconhecem que os maias clássicos históricos foram talvez os únicos no mundo capazes de prever estes acontecimentos astronómicos.

Para poder fazer o mesmo, é preciso ter dados exactos sobre os períodos solar e lunar. Os Maias, no seu glifo Uinal, colocaram o Sol juntamente com a Lua. As crónicas referem que será "noite e dia ao mesmo tempo" (eclipse solar). Os astrónomos maias partirão de 405 lunações totais ou 33 anos solares (é provável que tenham observado as manchas solares através de placas de jade, pois este número é um múltiplo do período das manchas solares: 11. 3 = 33).

Assim, temos a seguinte equação, para as tabelas que eram utilizadas para os eclipses: (tabela)

(Sinódico lunar) 29,53 días. 405 = 11959, 65 = (semejante) a 11960 días (en Maya 1.13.4.0).

Entonces anotaran a 3 grupos distintos de cómputos Lunares:

9 (c/u: con 3 de 30 días; y 2 de 29).	148 días (subtotal).	1332 días (total).
53.(c/u: con 3 de 30 días; y 3 de 29).	177 días.	9381 días.
7 (4 de 30 días; y 2 de 29).	178 días.	1246 días.
------ .	.	----------------
69.	.	11959.

No final de cada grupo (69), pode ocorrer um eclipse (GOLDEN). Estas tabelas foram ajustadas corretamente de 50 em 50 anos (THOMPSON). A descoberta central será o número 173, 3 dias (TEEPLE). Em COPAN a estela M foi gravada com este número: 520 / 3 = 173. Para nós este número foi derivado de 11960 / 69 = 173, 3 dias. Este número é a tradução temporal dos nós geométricos posteriores da astronomia ocidental.

Dos 5 intervalos (dias), que a astronomia ocidental tem atualmente, para os eclipses solares, 3 deles já eram reconhecidos pelos Maias: 1039, 1211 e 1742 (RAMOS). Assim, na tabela anterior, que começava no dia 12 Lamat, efectuavam-se as seguintes operações: 12 Lamat (168) + 173 = (341) 3 Imix; 3 Imix + 173 = (514) 7 IX; 7 Ix + 173 = etc. Para a data em que o eclipse caiu, tínhamos uma margem (desvio padrão) de 3 dias. Se a data fosse mais próxima da lua cheia, o eclipse era lunar, se fosse mais próxima da lua nova, o eclipse era solar. Sabiam também que um eclipse podia ocorrer noutro local, mesmo que não fosse observado a partir da geografia maia.

Conheciam também (COPAN 837 de. estela A: 18.5.5) um período de 18 anos

((6585 / 365.242 = 18), ao qual se acrescentavam 10 dias (6585 + 10 = 6595), no qual, a ordem de todos os (70) eclipses é reiterada, novamente (29 lunares e 41 solares). Em meados do século X, o Templo XI de COPAN foi erigido em honra da descoberta desta ordem serial nos eclipses.

Passemos agora à declaração das 4 Leis, anteriormente referida.

CAPÍTULO 1: LEI I: IMPLANTAÇÃO FOLIAR

(Agricultura: U CHUL WAKAL KIL)

Os Maias não conheciam as leis da genética (MENDEL), mas por outro lado descobriram inicialmente a Lei do implante da disjunção fenotípica (Milho), do aparecimento das folhas (BIL em Maia) muito antes de ser completada pelos ocidentais (FIBONACCI, BRAUN e outros físicos (5)). Portanto, já estamos na presença de uma lei da Natureza, só nos resta descobrir quão avançada ela era (como mostraremos a seguir, pela sua avançada estrutura operativa, é uma Lei Moderna).

A lei (operações ordenadas em série), aqui foi dada por uma sucessão numérica de operações aritméticas, que registou uma série de acontecimentos causais (I°, 2°, $3^{(o)}$), etc.), fenotípicos do crescimento (dias), do Milho (NALTEL). Os números explícitos (dias) foram os seguintes:

1) 4
2) 5
3) 8
4) 13
5) 20

(....)

Como estes números (séries 4,5,8,13....) não se encontram no registo internacional dos números inteiros, não há dúvida de que foram criados pelos Maias.

Aqui as mudanças fenotípicas observadas pelos Maias (GIRARD) são: I°) aos 4 dias após o plantio do grão (NAL), a plântula brota (HURAKAN); 2°) aos 5 dias brota o primeiro folíolo lateral (quebra de simetria); 3°) aos 8 dias, sai o 2º folíolo contralateral; 4°) aos 13 dias o milho (IX IM), apresenta dois folíolos contralaterais (IX IM), apresenta dois folíolos laterais (IX IM); $4^{(o)}$) aos 13 dias o milho (IX IM), apresenta dois folíolos laterais (IX IM). 4°) aos 13 dias o milho (IX IM), tem as duas folhas aproximadamente do mesmo comprimento ("asas de periquito" como diziam os Maias); 5° aos 20 dias foi atingida a unidade vigesimal (UINAL), etc.

Se agora (lembramos que os americanos não praticavam física), fizermos corresponder estes números biunivocamente (1 para 1), com os da formulação (E = Tal quadrado (6)) da lei de Galileu (uma das primeiras da física moderna), da queda livre, onde o espaço percorrido pelo corpo (1,4,9,16...), é igual ao quadrado do tempo decorrido (0,l,2,3,3,4...). Assim, obtém-se o seguinte quadro comparativo:

4	0
5	1
8	4
13	9
20	16
(.......)	(......)

Tem-se que, implicitamente, ambas as séries de números evidentes (implícitos, queda), são produzidas por operações aditivas implícitas (+) com números iguais das séries (1,3,5,7,...) dos ímpares (4+1= 5 e 0+ 1=1; 5+ 3 = 8 e l + 3 = 4; 8 + 5 = 13 e 4 + 5 = 9; etc.). A isto chama-se isomorfismo em Aritmética (literalmente forma igual).

Esta comparação temporal é permitida, porque os Maias privilegiavam os números ímpares, operando assim, sem o saberem conscientemente, com números primos (3,5,7,11,13,....), porque o único deles que é par é o número 2, que aparece também como um dos números ímpares comuns implícitos (1+2= 3; 3+ 2= 5, etc.). Poderiam também desenhar o mínimo múltiplo comum. Assim, não é por acaso que foi possível (CARLSON) fatorizar os principais números maias (calendários). Embora os números do exemplo dado, que produzem os outros, não tenham dimensão (BUKHIMGAM), ambas as séries são reguladas pelo tempo decorrido (T).

Se considerarmos a tabela periódica química - outra lei da Natureza (aqui a simetria molecular é dita isotáctica) - verificamos que também ela é construída de forma ordenada (embora cada elemento seja causalmente distinto do outro), através da interação implícita +1 (1+ 1 = 2; 2+ 1= 3; etc.), ao contrário da série de números ímpares (primos), já detalhada.

Em suma, os Maias eram peritos em encontrar e realçar os números inteiros (algo difícil de conseguir) na Natureza: serpente de luz nos equinócios (dia = noite); 5 e 65 revoluções sinódicas venusianas (2920; 37960); em COPAN, alguns edifícios estavam virados 7 graus e 40 minutos para norte (AVENI), o que sugere que se orientavam pela declinação magnética (antes de os europeus conhecerem a inclinação magnética) e, finalmente, embora não conhecessem o número que regulava (equação de FOURIER) o fenómeno do eco, reproduziam-no magistralmente, como o canto do QUETZALT (LUDMAN).

Concluindo aqui a Lei (1) Maya da aritmética operativa do implante, esta será essencialmente registada como "13 + 7 = 20", pois os Mayas tinham o hábito de simplificar. Ou assim o enunciaram:

(13) OXLAHUM (+) KITAM (7) VUC (=) LUB (20) UINAL.

Esta Lei estava relacionada com o calendário da Agricultura, pois 365 - 105 (30 de abril a 13 de agosto) = 260 = 13. 20. Os números 13 e 20 eram números explícitos (do crescimento observável do Milho) e o número ímpar 7 estava implícito. Assim, 7 + 13 = 20, implicava toda a série de números já exposta.

Não é por acaso que os Maias designaram o número 13 como KUL ou princípio ordenador (HASSELKUS). Assim, do lado pré-colombiano havia Aritmética e Biologia (vegetal), e do lado ocidental Aritmética e Física. Noutro caso semelhante, foi referido (GOODWIN: 7) que se combinavam a Matemática, a Física e a Biologia.

Os físicos clássicos (desde CHURCH) realizaram experiências mais completas (plantas), mas os americanos estavam séculos à frente deles ao iniciarem estes estudos. É claro que em nenhuma destas duas geografias havia conhecimento (exceto GALILEU que adivinho alguma coisa), do que tinha sido realizado na outra (pensemos que o Ocidente ainda não sabe muito sobre as contribuições dos Maias).

STRAUSS falou para os pré-colombianos de um 'pitagorismo vegetal' e o Prémio Nobel WILCZEK (8), acrescentou ao caso um 'pitagorismo moderno (aritmético)' (não é supérfluo dizer aqui, que ele também referiu que Pitágoras enunciou uma das primeiras leis da acústica; concordamos que, no seu caso, é o de uma lei pré-moderna). No entanto, para este caso Maya, já estavam efetivamente numa Lei Moderna, pois como referem os matemáticos (NAVARRO, TREJO: 9), os isomorfismos operatórios (1,2,3,5, etc.), são para estabelecer teorias integradas. Neste exemplo, sublinhamos que o que é comum aos dois ramos científicos é a qualidade da modernidade. Conclui-se então que a qualidade de avanço das duas séries (modernidade) é verdadeira.

Pois se olharmos as séries (números isomórficos) de um lado ou de outro, percebemos que há uma simetria (as mesmas quantidades são vistas de ambos os lados), ou, como foi explicado na ciência ocidental, que as leis fundamentais são simétricas. Por outras palavras, a Natureza (física ou vegetal), para os mecanismos básicos, utiliza a simetria (WILCZEK), ou seja, grandezas invariantes (iguais). Elas representam "qualquer" perspetiva do observador. Assim, as quantidades são conservadas (NOHETER) em princípio (em psicologia, este isomorfismo chama-se ou é produzido pela reversibilidade).

Isto é inteiramente consistente com as declarações sobre a agricultura (plantas) quando se afirma que era uma ciência para os pré-colombianos (MANTEGAZZA) ou que foi o primeiro passo para a modernidade (WHITEHEAD).

CAPÍTULO 2: LEI II: POTENCIAL INFINITO

(Aritmética: WOOH)

Neste ponto, será desenvolvido o tema das operações coordenadas associativamente. Na aritmética *"1 + 13 = 20"*, expressava-se como: "7 (VUC) + 13 (OXLAUN) = '1' (HUN) "; ou 7 + 13 = 20 UINAL ou unidade vigesimal. Os Maias, antes de GAUSS assim se referir a ela, farão da Aritmética a rainha das ciências (pois aplicam-na em todos os seus ramos). Estas operações estavam formalmente próximas do sentido de lei na matemática atual, quando falamos de operações como leis (comutativas, associativas, etc.). Não é por acaso que WHITEHEAD explicou sistematicamente que a aritmética é uma caraterística do pensamento moderno.

É por esta razão que formulações elementares semelhantes (1 + 1 = 2) foram incluídas pelo matemático PICKOVER, na sua obra sobre as "Leis da Ciência", numa pequena lista, pela sua capacidade de ter transformado o mundo. Desenvolveremos em seguida como a operação vigesimal tornará o mundo pré-colombiano incomensurável através da interação operatória (MERTON 1). O sistema vigesimal tinha uma grande vantagem operativa sobre o decimal ocidental, pois no 5º grau ou passo, já havia uma diferença de 134.000 unidades (= 144000 - 10.000).

Quando os americanos implantarem o seu sistema numérico vigesimal (20 em 20), esta quantidade e os seus múltiplos (THOMPSON), aparecerão em quase todos os domínios (agricultura, astronomia, calendários). Partirá das quantidades pequenas (MAR), passando para as grandes (CHAN), e daí para o infinito (HUNAL).

Por exemplo, os números (trigésimo ou vigésimo) e os nomes (dias, meses) eram inicialmente separados (TZUK) e depois associados (YUC).

Assim (por correspondência biunívoca) os calendários de base serão montados, as 13 ñas e 20 nomes darão o Tzolkin (260 = 13. 20) e 20 ñas com 19 nomes darão o Haab (365 = 18. 20+5). Após 73 rotações do Tzolkin e 52 do Haab, as quantidades voltam a ser iguais (73. 260 = 52. 365). Nasceu um outro calendário chamado WAKIL KILIL ou Contagem Curta (18980 unidades em Maya 0.2.12.13.0) e finalmente a partir de uma data comum 4 AHAU (160 Tzolkin) 8 KUMHU (348 Haab), começaria a obra-prima Maya XOX IT ou Contagem Longa (o que lhes permitia ter uma Data de Era a partir da qual as Rodas do Calendário fugiriam para o potencial infinito). As grandes unidades Kines (1), Uinales, (20), Tunes (360), Katunes (7200) e Baktunes (144000) seriam adicionadas para contar aqui.

Se fizermos um esquema evolutivo de todo este desenvolvimento, teríamos:

Números (13nas)	**Nomes(20)**	**Números(20nas)**	**Nomes(19)**
11	IX	2	KUMHU
12	HOMENS	3	KUMHU
13	IBC	4	KUMHU
1 CABAN		5 KUMHU	
2 ETZNAB		6 KUMHU	
3 CAOUTCHOUC 7 KUMHU			
4AHAU 8KUMHU			
5 CIMI 9 KUMHU			
(...................................)			

Os cálculos da Contagem Longa estavam sujeitos a regras formais próprias. Por exemplo, sempre que aparecia um nome diferente do Mês (HAAB), reaparecia o mesmo nome do Tzolkin; zero no lugar dos Kines, reaparecia o nome Ahau; o mesmo acontecia com os números (52, 73), que reapareciam de novo, etc.

Os Maias não sabiam que se tratava de uma síntese das estruturas matemáticas "Mãe" (BOURBAKI), tanto de ordem (Contagem Curta) como de álgebra parcial (Contagem Longa). Mas, na prática, aproximaram-se delas. O equilíbrio na primeira é a reciprocidade (de um primeiro cálculo 11IX para qualquer outro 13 CAB, há a mesma (=) quantidade 2ª como vice-versa e no segundo caso, são operações inversas (+1 -1 = 0). Quando, psicologicamente (PIAGET: 10), as estruturas mentais (concreto-formais) análogas a estas (4 AHAU 8 KUMHU), se combinam entre si, isto é, operam em conjunto ou simultaneamente, surgem possibilidades de novas qualidades, como quando o real (empírico), se subordina ao hipotético (Operaçõesformais).

Foi isto que permitiu aos Maias atingir o infinito matemático ou potencial (BOLON TZAKABIL), através de diferentes Eras. Isto foi feito sem perder a exatidão, por exemplo, cada fim de BAKTUN caía alternadamente num equinócio e num solstício (HERNANDEZ); as 5 Eras estavam próximas da precessão dos equinócios. A partir de la a arqueoastronomia tem contribuído a este respeito, já que tem dado provas de que culturas quase pré-históricas (SANTILLANA), começaram a estudar este fenómeno celeste. Este período é muito difícil de calcular na sua totalidade (23000 - 26000 anos), tendo que ser deduzido a partir de observações parciais (MENZEL), com miras (ETZ), apontando para o horizonte distante (como faziam os Maias).

Fazendo um cálculo médio, segundo a astronomia ocidental moderna de 25729 anos, e extrapolando-o para a época Maia de 25950 anos, teremos 25840 anos, o que, em relação ao valor formal das 5 Eras de 25626 anos, dá uma diferença (sem correção: CASTELLANOS), de apenas 214 anos (ou seja u∩8 % de erro para o valor total). Assim, o autor SEVERIN explicou que os Cálculos Maias da precessão dos equinócios se encontram no Códice de Paris (MAUPONE).

Assim, se fizermos uma imagem esquemática, das operações em direção ao infinito potencial, teremos:

1 Era **(WINAQ MAY KIN) = 5125 anos ou 13 Baktuns (13.0.0.0.0.0.0.), registados em QUIRIGUA.**
5 Eras (HOKOL MAY KIN)= 25.626 anos ou 65 Baktuns (3.5.0.0.0.0.0.0.0): COPAN.
Grande Idade (CHAK KIN OCHTE)= 374.152 anos ou 949 Baktuns (2.7.9.O.O.O.O.O.O.O.) TIKAL-UAXAXTUN.

A partir de 1366560 (9.9.16.0.) efectuou-se uma divisão / 73 multiplicando o resultado por 100, obtendo-se o valor de uma Era, ou seja, 7200 (Katun) . 260 = *1* Era. Em dias *1* Era; 1.872.000 . 5 = 9.360.000 dias das 5 Eras; e dias de uma Era 1.872.000 . 73 = 136.656.000 dias da Grande Era.

Por esta razão, foi dito que os Maias carimbaram (SCHELE) num dos maiores números finitos e acrescentaram (DORADO), que os pré-colombianos estavam a formalizar a ideia de eternidade, transcendendo (COBA), todos os limites temporais. Pensemos que, comparativamente, os gregos tinham dificuldade em chegar ao infinito.

Encontramo-nos de acordo com os historiadores da ciência (KOYRE, GOLDSTEIN, etc.), quando expressam que a partir de COPERNICO o Universo se tornou (Renascimento), infinito ou espacialmente Moderno; mas há que ter em conta, que alguns pensadores Maias, propuseram intelectualmente a mesma coisa antes, no parâmetro temporal. Podem ter ultrapassado em alguns cálculos as estimativas actuais da física sobre a idade do Universo.

Isto ajuda a compreender (BROTHERSTON), que são os pré-colombianos que explicam aos ocidentais, que o mundo tinha mais de 6000 anos, ideia que chegou ao Iluminismo europeu. Assim, mesmo que os Maias tenham recebido conhecimentos anteriores, foram eles que os levaram mais longe (infinito).

CAPÍTULO 3: LEI III: SISTEMA INTEGRADO

(Astronomia: WAY HA)

Neste caso, trata-se de operações co-unívocas que se integram (TZAY), num sistema de conjunto total. Já sabemos (AVENI: 11), que a astronomia maia era uma ciência. Esta precisão astronómica (que tinha 1 dia de erro em 6000 anos totais), era conseguida através de observações, que escapavam ao horizonte (por exemplo, o sol no horizonte tinha um glifo próprio).

Neste ramo, notar-se-ia uma formulação que foi designada (pelo autor acima referido), como o "super número"; em Maya 9.9.16.0.0 (= 1366560 dias). Esta quantidade articularia vários ciclos celestes (CUC) entre si.

A Lei (1) de carácter temporal foi enunciada: BALUM (9) BAKTUNES (= 1296000), BALUM (9) KATUNES (=64800), WAKLAHUN (16) TUNES (=5760), MI (0) UINALES e MI (0) KINES. Assim: 1296000 (= 144000.9) + 64800 (= 7200.9) + 5760 (= 360.16) + 0 (= 20.0) + 0 (= 1.0) = 1366560 .

Em números de unidades calendáricas (KINES = dias), este grande número acima coordenado a vários períodos iguais:

-(Agricultura): 260,5256 = (ano trópico): 365,3744 = (Marte sinódico) 780,1752 = (Lunar sinódico) 29,53 . ⅛⅛TΠ = (Mercúrio sinódico) 117.11680 = (Vénus sinódico) 584 . 2340 = (LUB) 1366560.

A conceção física moderna de NEWTON (século XVIII) será a que integra (universo) no Ocidente o plano celeste-terrestre, através da força gravitacional, que afectava tanto a maçã como a Lua. Os Maias também conseguem sincronizar através do T (tempo) absoluto (t= t'), o sol (espaço), com o milho terrestre (que é uma das plantas mais solares da terra). Estamos a demonstrar algo semelhante (universalidade) para o caso Maia, pois a lei galileana da queda, aproxima no solo terrestre, o efeito causal da lei universal da Gravidade Newtoniana (inverso do quadrado). A gravidade é o fator comum em ambos os casos (milho, pedra), embora num caso seja para cima no crescimento (a albumina capta esta força) e no outro para baixo (descida).

Assim, talvez, como sugeriu PRIGOGINE, seja verdade que, no Universo, a vida é tão comum como a queda de uma pedra (sabe-se agora que as quinonas vegetais, que vêm do espaço, são semelhantes às que se encontram em latierra).

O historiador da ciência KOYRE explicou que o autor inglês trouxe a exatidão (unificação) do céu para a terra (física) e, por sua vez, os Maias já a tinham não só no céu (9.9.16.0.0.0.0), mas também na terra (CAB). Este facto é visível não só nas estelas de pedra (4/5 elementos), mas também na formulação da sua Idade da Data (2906 a.C.): "4 Ahau 8 Kumhu" (4 e 8 são números de milho e Ahau representa o Sol; ESQUEMA). Por outras palavras, a Natureza (simbolicamente na sua universalidade jurídica), estava representada não só na Maçã, mas antes também no Milho. Assim, apesar de KANT, no sentido figurado, os Maias são os "Newtons das folhas de erva" ou gramíneas.

Se acrescentarmos que estas séries numéricas (4, 5,8, 13,...) do crescimento do Milho, são também produzidas pelo Sol (fotossíntese), não é por acaso, que se as continuarmos sob as mesmas operações implícitas (+ séries ímpares), chegamos de novo explicitamente aos números solares principais (365, 260 = 365 - 105 dias, dos 2 entre zénites do Sol). Esquematicamente teremos, a partir dos números básicos do Milho, uma certa congruência, por prolongamento da série implícita inicial:

4	+ 1=
5	+ 3=
8	+ 5 =
(.......)	(......)
260	+ 33 =
293	+ 35 =
328	+ 37 =
365	

Se fizermos também uma análise interna da quantidade 9.9.16.0.0, podemos encontrar novas verdades, como o heliocentrismo planetário parcial, que inclui o heliocentrismo terrestre. O astrónomo GUTIERREZ interrogou-se sobre se os Maias sabiam isto mesmo. Como o antropólogo CASTREL pediu para ligar COPERNICO aos "selvagens", mostraremos aqui como os Maias podem ter chegado à noção de heliocentrismo terrestre, desde que se tenha em conta que o autor polaco não deu provas empíricas da translação terrestre em torno do Sol, as provas concretas disso foram todas posteriores (o autor KOESTLER especifica que, em média, COPERNICO fez para desenvolver o seu trabalho meritório, 1 observação por ano).

Se a Modernidade do autor europeu (que respeitamos) continuar a ser sustentada nos termos acima referidos, teremos a seguinte explicação do heliocentrismo terrestre, pensado ou elaborado por alguns Maias pré-colombianos.

O autor polaco dizia que, se a visão humana pudesse ser ampliada, as faces planetárias seriam apreciadas - no seu tempo. Foi precisamente o que Galileu fez com o seu telescópio, quando se debruçou sobre o planeta Vénus, concluindo que "a deusa do amor (Vénus) tem faces como Selene (Lua)".

Os Maias também se aperceberam de algo semelhante, através da luminosidade (os pré-colombianos conseguiam localizá-la, mesmo de dia: STRAUSS), de Vénus (NOH EK). Alguns astrónomos maias sabiam que Vénus passava atrás do Sol (conjunção superior) ou emergia do submundo (TEDLOK). Este pensamento está estampado na seguinte fórmula (ciclos em dias), que os Maias conheciam, porque realmente o pensavam:

(Vénus) 584,2340 = 3744,365 (Sol).

O passo seguinte foi transferir esta qualidade de Vénus (heliocentrismo parcial) para a Terra (CAB). A fórmula que facilitou isso foi:

(Vénus) 584,2340 = 5265,260 (Terra).

Assim, alguns Maias sabiam, antes de HERSCHEL, que embora o movimento da Terra não fosse percetível (princípio galileano da relatividade), porque a Terra se movia no espaço (seguindo o Sol: PILEN), como o seu próprio nome lhe referia, em CAB a partícula AB indicava a propriedade de "voo" (movimento).

Poder-se-ia concluir, mais seguramente, que a Terra tinha um movimento de deslocação ou 4 Movimento (= 260 / 65) em torno do sol, porque CUC significava ciclo (o mesmo era para COPERNICO revolutionibus). Esta semelhança com o movimento solar (4 etapas), foi pensada através da seguinte fórmula operatória:

(Terra) 260,5265 = 3744,365 (Sol).

O que é o mesmo (através da cinemática temporal) que o astrónomo Ptolomeu disse uma vez, que é tudo a mesma coisa pensar que o que se move é a Terra em relação ao Sol. Mas mais ainda, como refere o Nobel WILCZEK, os números são para "qualquer perspetiva de um observador", incluindo um terrestre a mover-se em torno do Sol, (os Maias foram descentrados do sistema terrestre, com uma perspetiva espacial, antes de LEONARDO o fazer). Mais especificamente, A. WILSON (11) explicou que, como os Maias conheciam o ano sideral, isso implicava uma "perspetiva mental observacional: a partir do Sol, apreciando o movimento terrestre". O que é equivalente ao heliocentrismo terrestre.

Por outras palavras (MENZIES (12)), a Enciclopédia Britânica afirma que houve autores que também pensaram algo de astronomia moderna como o COPERNICUS. No caso da astronomia maia, existe a possibilidade de se ter chegado a um heliocentrismo parcial (Vénus, Terra) através do pensamento (operações mentais), de equações aritméticas exactas.

CAPÍTULO 4: LEI IV: CONSERVAÇÃO TEMPORÁRIA

(Ciência clássica do calendário: CHUN YAX OCHTE)

A Ciência Clássica do Calendário dos Maias tinha vários capítulos específicos (Lua, Sol, Vénus, Marte, etc.) e ao mesmo tempo ligados entre si (Lei III). As primeiras estimativas estão ligadas à técnica (METATE), mas mais tarde as suas observações tornar-se-ão mais específicas (horizonte, altitude), mais no sentido da cronometria. Assim, os calendaristas medem com muita precisão a variável tempo (cronologia), por exemplo, o Templo do Sol em PALENQUE, era literalmente um relógio de sol exato (equinócios, solstícios, zénite). Por exemplo, para o calendário solar (ano tropical), as diferenças (=/=) para a realidade por engano, serão reduzidas com a história:

Séculos VII-VI a.C.: .... 0,24232 por dia.

Century II ac: ....0,00768 d (HUEHUETLAPALLAN). Esta foi a correção equivalente ao posterior Juliano do Ocidente. Antes dos séculos

VI-VII de: 0,00028 de um dia (STELLA A COPAN). Esta era a correção equivalente ao posterior gregoriano do Ocidente.

No presente: ....: erro de uma unidade, não estaria em quinto lugar depois de

do ponto decimal. O valor anual (ano do trópico), teria um valor de calendário de 365,242 . 19 = 6940 = 7200 - 260 .

Em terceiro lugar (antes dos séculos V a VII d.C.), os Maias já tinham ultrapassado o nível de precisão do calendário gregoriano ocidental (Renascimento: 1582). Este calendário é o calendário atual do Ocidente e o seu compositor CLAVIUS foi chamado "Moderno" (uma cratera na Lua tem o seu nome).

Mas como este calendário ocidental falhou um dia inteiro em 3000 anos, e o calendário maia caiu no mesmo erro, mas em 5000 anos, então podemos especificar também a anterior modernidade do calendário americano.

MORLEY conclui que os Maias realizaram um prodígio no sistema de Calendário Antigo ou Moderno, claro que se isso acontece, é porque o seu calendário já era Moderno. No montante da Grande Era (após 300.000 anos, o erro assumido para a localização de 1 determinado dia, quase atingiu o erro experimental de 10 casas após a vírgula, no ramo científico mais sofisticado do Ocidente atual : a mecânica quântica (SOKAL). Esta exatidão foi obtida com base no sistema aritmético posicional e no número zero (o Ocidente recebe diferentemente estas conquistas de fora da sua geografia).

Lembremo-nos do que foi dito acima, porque para medir bem, primeiro (BACHELARD) é necessário conservar (KALAK KIN), a variável a medir. Assim, se os calendários maias estimavam o tempo com precisão, era porque o conservavam: por exemplo, Vénus 584 . 5 = 2920 = 365 . 8 Sol, etc. Os americanos transcendem, assim, a noção errónea de passagem de um corpo sobre outro (PIAGET), independentemente do caminho percorrido, concluindo pela igualdade (LUB) no tempo.

Desta forma, os pré-colombianos conseguiram preservar, de forma permanente, a duração do mundo natural (GIRARD).

O conceito de conservação (igualdade que se mantém face a mudanças aparentes) surgiu (PIAGET: 13) muito antes de qualquer estimativa dos laboratórios do hemisfério norte ocidental, o que torna possível que tenham sido descobertos noutros ramos científicos como o que aqui referimos. Espontaneamente, pelo modo de produção correspondente, as crianças maias chegariam, em média, mais cedo do que as crianças ocidentais à conservação da matéria (cerâmica) e, além disso, à conservação de quantidades semi-contínuas (grãos de milho).

Os maias adultos chamavam à Estrela Polar XAMAN EK, que era a estrela-guia dos comerciantes que levavam às costas um fardo de carga (KUCH). Este peso simbolizava também o fardo temporário (AH KUCH), que era transmitido de calendário para calendário (etapa para etapa), para outro estafeta (CHASQUI), que o retomava carregando-o (a quantidade anterior era mantida). Por outras palavras, GALILEU descobriu a conservação da energia (cinética-potencial) e os Maias a conservação do tempo (passado-futuro).

Os sábios maias (calendaristas clássicos), chegam à conservação temporal ou à noção de tempo absoluto, antes dos ocidentais. O mesmo viria a acontecer mais tarde com a Física (o tempo absoluto de NEWTON).

Hoje estas qualidades invariantes são reconhecidas pela ciência atual, por exemplo, o biólogo molecular MONOD explica que cientificamente: "as proposições mais fundamentais são os postulados da Conservação Universal

(14)". Concluindo o que é uma noção de ciência moderna por um lado, é também noutra geografia.

CONJUNTO UNIVERSAL DE LEIS CIENTÍFICAS TEMPORÁRIAS

CIENTÍFICAS MAYANAS

Neste ponto - ao contrário dos anteriores - detalharemos a lei que os intelectuais maias cumpriram, sem a conhecerem nem a enunciarem explicitamente (Lei Universal do primeiro Dígito: BENFORD).

A partir desta Lei universal foi explicado (TAO :15), que quando um conjunto de números é maior (grande), as propriedades deste sistema são regidas por leis mais simples. Isto é, de facto, o que acontece com as estimativas dos Maias. Por outras palavras, a complexidade múltipla pode ser reduzida aos poucos números da aritmética, que é o domínio em que os americanos operavam.

Assim, embora a diferença em relação ao número proporcional teórico para os nossos poucos exemplos (N= 30), neste pequeno trabalho, seja elevada 1,4 (= 2,9 - 0,9), porque o desvio normal para a lei de BENFORD é 3, mas por 100 (por cento): deve ter-se em conta que este índice melhora, se os casos da amostra (grandes números) forem aumentados. Neste trabalho estamos na amostra (N) a pelo menos 70 números de distância deste valor (por IOOto). No entanto, se os números aqui referidos fossem dados ao acaso, quase todos os intervalos dos primeiros dígitos (nas estimativas maias) teriam uma percentagem semelhante de números (pequenas diferenças). Por exemplo, 30/9 = 3,3 aproximadamente em cada um (para um total de 28,7), mas também na realidade (33,3; 13,3; 10; 0; 3,3; 3,3; 3,3; 3,3; 3,3; 0; 3,3) o desvio médio é muito mais elevado: 7,7, ou seja, mais do dobro da aleatoriedade. Além disso, como prevê a lei de BENFORD, quase 50 por cento (47,6) das quantidades teriam sido estabelecidas para os dígitos 12, e os outros 50 por cento (52,4) teriam sido distribuídos pelos dígitos 3 a 9. Os nossos resultados empíricos (30: 16-14) estão próximos desta ***previsão.***

(1-2) 53,3, que se afasta 5,7 do valor teórico e 46,7 do acaso. (39) 46,6 afasta-se em média 5,8 do valor teórico e 23,1 do valor esperado pelo acaso. Assim, estas contagens das medições dos maias pré-colombianos (anotadas neste trabalho), estão longe do acaso (estão por uma razão que se segue). Por outras palavras, esta lei aritmética universal, começa a ser cumprida, para os dados da Ciência do Calendário Maia, certificando como explicámos, que fazem parte de uma Lei temporal da Natureza.

O que importa é que estes números maias adquirem (ao cumprirem esta norma legal) um carácter de verdade, ou seja, têm poucas hipóteses de estarem basicamente errados (porque os números escolhidos artificialmente não estão em conformidade com esta lei numérica). Por outras palavras, são dados falsos e não são tomados de acordo com critérios científicos. Não é supérfluo acrescentar que esta Lei (que, reiteramos, os Maias não descobriram), é aplicada (como o fazemos aqui) também (STEWART, LUQUE, TAO, etc.) em vários exemplos científicos tais como: sequências geométricas, sucessões numéricas alargadas (intervalos de números primos), constantes físicas, uma boa parte das leis físicas macroscópicas (termodinâmica, dinâmica dos fluidos) e ressonâncias de números atómicos. É evidente que os Maias não praticavam a física, mas praticavam a ciência, como provamos aqui.

CONCLUSÃO

Os maias pré-colombianos e a história da ciência universal.

Embora os Maias tenham inspirado pintores (RIVERA), arquitectos (WRIGHT), escultores (MOORE), e tenham dado dois prémios Nobel (ASTURIAS, MENCHU), há algo mais na sua contribuição. Nem, apesar da sua importância, deixaremos de nos debruçar sobre a revolução agrícola produtiva (GODELIER), quase à escala "industrial", que os aproximou (o Prémio Nobel LUCAS) do produto económico do Ocidente, antes da revolução industrial.

O historiador BAYLI chamou-lhe "a grande domesticação" e DARWIN concluiu a importância das plantas culturais para a civilização. O milho (IX IM) cruzado (variedade NAL TEL) pelos Maias (primeira façanha da engenharia genética: FEDEROFF), acabaria por dar um prémio Nobel feminino (MC KINTOCH).

Com todo o respeito pelos autores anglófonos que detalharam a essência religiosa dos Maias, continuamos a pensar noutro aspeto mais relevante. Para alguns intelectuais maias bastava - se necessário - um deísmo parcial para fazer o que conseguiram.

A revolução dos Maias, tal como foi referida há muito tempo (GIRARD), é sobre a história da cultura ou, como escreveu MARTINEZ mais atualmente (Geometria Mesoamericana FCE 2000), que: "foi uma grande perda para a Humanidade, a não aceitação do seu pensamento científico. Não devemos subordinar-nos ao nível intelectual (ROJAS), nem deixar que nos roubem a nossa história (GOODY). Quando a primeira mulher física SHEINBAUM assumir a presidência do México, este grande atraso histórico poderá ser alterado, caso contrário, nós, sul-americanos, seremos os únicos a ficar sozinhos, defendendo esta tese (a primeira Modernidade científica), contra o reducionismo ideológico de quase todo o hemisfério norte ocidental.

As leis objectivas que aqui explicamos, não só demonstram que alguns Maias trabalharam em ciência (Agricultura, Matemática, Astronomia, Calendários), mas que todos estes desenvolvimentos, estiveram ligados em algum momento, com a Modernidade, da História da Ciência universal. Os Maias passaram de forma inédita e completa, no seu ramo de estudos, do nível pré-moderno para o moderno.

Assim, temos de inverter as referências comparativas (DORADO), pois é a ciência ocidental moderna que tem alguma semelhança com a ciência pré-colombiana, e não o contrário. Caso contrário, ficaremos fixados na velha Aliança ideológica reducionista (superstição), como explica o Prémio Nobel MONOD. O mesmo autor refere o facto de a sociedade querer que a ciência a sirva, mas não a respeitar (substituir o conhecimento pela ideologia é a maior mentira de todas as mentiras humanas possíveis).

Literalmente, os intelectuais maias eram:

O mundo original (primeiro), o mundo novo (moderno) e a natureza.

Isto refuta que, na atual geografia latino-americana, se esteja cientificamente no Terceiro Mundo (lenda estampada no Instituto de Física de Trieste-Itália, no instituto anexo de História da Ciência para o Terceiro Mundo). Nesse sentido, atendemos ao pedido do professor BRODA, ou seja, relacionar o que foi feito na Mesoamérica com a história da ciência geral (internacional).

A conclusão de SEDEÑO é correta, quando diz algo que também se aplica aos maias: "os calendários constituíam um corpus tão organizado que eram eles próprios o quadro teórico, ou uma espécie de paradigma ou realização científica universalmente reconhecida".

Hoje a história da ciência está a corrigir alguns erros que foram cometidos. Os historiadores SANTILLANA-DECHEND (Hamlet's Mill 6th floor 2015), chamaram "cientistas arcaicos" aos anónimos que começaram a compilar um dos ramos mais antigos da ciência: a "arqueoastronomia". Os antropólogos GRAEVER-WENDROW (The Dawn of All Ariel 2022) refutam Marx quando escrevem que a ciência começou a desenvolver-se nas Aldeias. Assim, como um grupo (como referido no Artigo 271 da Declaração dos Direitos Humanos!), as propriedades objectivas dos Elementos Materiais (peso, dureza, combinações, impermeabilidade, flutuabilidade, etc.) começaram a ser descobertas. Corrigimos NEEDHAM quando observa que uma sociedade mais comercial (civis ou burguesas ocidentais) será aquela que, pela primeira vez, chega ao pensamento científico moderno (astronomia, física), desde o Renascimento (séc. XV-XVI), porque os pré-colombianos, fazem o mesmo (Ciência Clássica do Calendário), muito antes (pelo menos 1000 anos antes). Não só conseguiram elaborar valores cognitivos semelhantes aos do Ocidente, como o fizeram antecipadamente.

No entanto, há mesmo Prémios Nobel ocidentais que pretendem ignorar estes méritos. Por exemplo, WEINBERG, na sua obra sobre a Ciência Moderna (Explicação do Mundo), engana-se redondamente, quando escreve que o que se fazia na América pré-colombiana era "interessante", pois o seu pensamento de avanço era moderno. O autor ELIADE explica que o Ocidente (primeiro a Europa, depois quase todo o hemisfério norte ocidental), ao desenvolver a sua forma científica, acreditava que ela não era apenas a melhor, mas a única possível. Mas conclui que a magnitude dos valores exóticos (estranhos ao modo de vida ocidental), é suscetível de fazer surgir a dúvida nos autores ocidentais.

Concordantemente, como demonstrámos, não existia uma direção única até à modernidade científica, como o Ocidente ou o Hemisfério Norte Ocidental reducionista ou discriminatoriamente postula. HUTINGTON conclui em sua obra que o que o Ocidente (Hemisfério Norte Ocidental) considera universal para outras geografias é o Imperialismo. O social não muda a lógica ou metodologia científica, mas apenas a sua base epistemológica (GOLD), ou modo de produção que se orienta, para os ramos específicos do respetivo conhecimento (física, calendários, etc.).

É esta magnitude de avanço intelectual que faz duvidar alguns cientistas ocidentais. O sociólogo LATOUR, indica que a desculpa do Ocidente (para se comportar mesmo de forma imperialista), é que a ciência da Natureza, tal como ela é, foi previamente descoberta lá. O que obviamente cai por terra (mostra seu caráter ideológico se não for mudado), pois os pré-colombianos também descobriram a Natureza como ela é. Aquele autor concluirá finalmente que, nestes termos excludentes, "nunca fomos Modernos" (hemisfério norte ocidental). É isso que ele efetivamente demonstra em princípio, evitando a discriminação. A história da ciência maia em relação ao Ocidente.

Mas mesmo autores bem intencionados como KROTZ (La Otredad cultural entre la utopía y la ciencia FCE 2002) ou WALLERSTEIN (Conocimiento y saber el Mundo s XXI 2011), continuam a escrever respetivamente que a Modernidade nasceu na cidade ocidental, ou que só há um mundo moderno, que é o do capitalismo ocidental. Nós também questionamos isso, mas aproximamo-nos mais do que o antropólogo HARRIS um dia apontou, que a América representou uma experiência científica, e como tal nos atemos aqui mais à veracidade científica (se não houver erros maiores deste tipo em nosso trabalho sobre a história da ciência).

Já há alguns anos, D. COE expressou que estavam descobrindo a verdadeira Ciência elaborada pelos pré-colombianos. Acreditamos, de facto, que as modernas leis da Natureza temporal são o coroamento desse grande processo. Como disse GALILEU (citado por ARCINIEDAS, tendo nas mãos um códice semelhante ao dos Maias), "houve antes dos europeus, civilizações que estudaram a Natureza (pedras, vegetais, estrelas").

Assim, os Maias pertencem a toda a América, mas muito merecidamente à América Latina (Argentina), de onde esta descoberta científica (tese) não só foi produzida, mas também comprovada.

Bibliografia

1. MERTON K. (1970): *a ciência na Inglaterra no século XVI.* Aliança p-20.
2. GOULD J. (2004): *Estrutura da Teoria da Evolução* Tusquet p-169.
3. PIAGET J. (1975): La Inteligencia Paidos; *Psicología de la Inteligencia* Psique p-64.
4. POPPER K. (1999). *La Lógica de la investigación CientificaTecnos* p-229.
5. VERNOUX-GODIN-BESSNNARD (2019): *Investigação* e *ciência das plantas matemáticas* p33.
6. COHEN I. (1983): *A revolução newtoniana* Aliança p-37.
7. GOODWIND B. (1998/· *As manchas do leopardo* de Tusquet p-83.
8. WILCZEK F. (2016j.· *O mundo como obra de arte* Drakonto p-177.
9. TREJO C. (1973): *Matemática Moderna* Eudeba p-105.
10. PIAGET J. (1972): *Da lógica da criança à do adolescente* Paidos p-231.
11. AVENI A. (1980) (ed.): *Astronomía en América antigua* S. XXI.
12. MENZIES G. (2008): 1434 *Harper Collins* p-247.
13. PIAGET J. (1975): *Introducción a la Epistemología Genética Tomo II* Paidos p-51.
14. MONOD J. (1972): *O acaso e a necessidade Barral* p-114.
15. TAO T. (2019): *Leis Universais Edição monográfica Investigação e ciência* p-36.

Bibliografia geral

- ALSINA C. A seita dos números Editée 2011.
- APLEYARD B Ciência e Humanismo Athenaeum 2003.
- AVENI A Astronomia na América Antiga Siglo XXI 1976; Observadores del cielo en México antiguo Fee 1961; La Astronomía Maya Mundo Científico Ciencia 1985.
- ARCINIEGAS G O avesso da história 1980.
- ALVAREZ C. Diccionario lingüístico Maya Unam 1980.
- ALBERDIJ. Obras selecionadas Universidade de Quilmes 2000.
- AUSTIN LTamoanchan-Tlalocan. Taxa 1995.
- BRODAJ. (Compilador) Arqueoastronomia Mesoamericana Unam 1991.
- BROTHERSTON G América indígena na sua literatura Fee 1989.
- BELL F História da Matemática FCE 1996.
  BENITEZ-ROBLES De Newton y Newtonianos Quilmes 2006.
- CAMPI E Papel do sociólogo na Argentina Ciência 1986; Psicologia Integrada do Desenvolvimento da Personalidade Editorial Académico Español 2016; A Modernidade Científica dos Maias Pré-Colombianos EAE 2020; Descoberta das Leis Científicas da Natureza Humana EA 2021.
- COE D The Maya Diana 1980; Decipherment of Maya Glyphs Fee 1995.
- COE M America Folio 1994; Mayas incognita e realidades Diana 1990.
- COHEN E. Elementos de sociologia do conhecimento Eudeba 1975.
- COHEN E The Newtonian Revolution Alliance 1984.
- CROMBIE A History of Science Alliance 1984.
- CID F História da Ciência Planeta 1979.
- COLERUS E Historia de la matemática Doncel 1972.
- CORRAL M. Historia de la Astronomía en México Ciencia 1986.
- DORADO R. La religión Maya Alianza 1986; Los Mayas una sociedad Oriental Complutense 1982.
- DI PAOLO História dos calendários AAA 1989.
- DAVIES A: Enigmatic Maya codices Andromeda 2006.
- ESCALONA R Cronologia e astronomia Maya Mexica Fides 1940.
- ELIADE M Tratado de História das Religiões Era 1975; Xamanismo e Técnicas de Êxtase FCE 1986.
- ELENA A A Quimera dos Céus XXI 1985.
- ESTRELLA História da Ciência Akal 1982.
- FULS A. O enigma do calendário Maia Ciência e investigação 2004.
- FERGUSON N A civilização ocidental e o resto do debate 2021.
- FISCHETTI M Argumento final sobre o clima Ciência e investigação 2019.
- FREUD S. Obras completas Biblioteca Nueva 1972.
- FERMI L Que GALILEO Donsel disse 1977.
- GRONDONA M Las conclusiones culturales del desarrollo económico Ariel 1993, Bajo el imperio de las ideas morales Sudamericana 1970.
- GOLDSTEIN A The Dawn of Science Fee 1984.
- GORTARI A La ciencia en Historia de México Fci 1963.
- GRIBBIN J History of Critical Science 2002,
- GOODWIN The spots of the leopardTusquet 1998.
- GOODY J Capitalism and Modernity Critica 2004.
- GUILLEN M Equações que mudaram o mundo Debate 1999.
- GIRARD R History of the ancient civilisations of America, Hyspamerica-Mexicanos 1970 ; The Mexica Mayan calendar. México 1948.

- GOCKELW Decifração da escrita Maia Diana 1995
- GUEVARA-PUIG As medidas do mundo Editée 2011
- GARZA M Los Mayas Inah 1968.
- HARDOY S. A cidade pré-colombiana Infinito 1999.
- HARRIS M Antropologia Geral Alianza 1982
- HOLTON G Estudos sobre o pensamento científico. Aliança 1978.
- HAMOND N. Emergência da cultura maia Scientific American 1986
- HUTINGTON S Clash of Civilisations Paidos 2002.
- HASSELKUS H WOOH México 1993; Estructura glífica Maya México 1998,
- HIDALGO L A computação maia Diana 1978.
- Tratado de JUILLIEN sobre o Perfil de Eficácia 1996,
- JOULET A O Segredo da Ciência dos Números 1996.
- JONHSON P Nascimento do mundo moderno Vergara 1999.
- KUHN TH A Tensão Essencial FCE 1980.
- KLINE M Matemática para Ciências Humanas Taxa 1972
- KOYRE A Estudos sobre o pensamento científico S. XXI 1978; Estudos Galileus S. XXI 1975; Do universo fechado ao infinito Aliança 1978; Do mundo de lo aproximadamente ao preciso Crítica 1948.
- KOESTLER Os Sonâmbulos Eudeba 1963.
- LIGNAIS F Grandes corrientes del pensamiento matemático Eudeba 1965.
- LINDBERG D Inicios de la ciencia Occidental Paidos 2002.
- MANCUSO S O futuro é vegetal Gutermberg 2017.
- MAROTTO F No início era o Numero Bonalletra 2019.
- MATURANA H Maquinas y seres vivos S. XX 2004.
- MAUPONE L in Historia de la astronomía en Mexico Unan (compilação) 1999; Reseña actividad astronómica en América antigua.
- MOYER G Calendário gregoriano Scientific American 1982.
- MERTON K Sociologia da ciência Alianza 1997.
- MILLA VILLENA Ayni Anaru Waina 2004.
- MORLEY S. Maya hieroglyps Dover 1975; Antiqui Maya Sansoni-Firenze 1956; The Maya civilisation Fee 1986.
- NEEDHAM J. Sociology of Science Alliance 1976.
- PORTILLA Tempo e Realidade no Maya Unam 1986.
- PIAGET-GARCIA História das Ciências S. XXI 1982.
- PRIGOGINE I. A Nova Aliança Aliança 1978
- POPPER K A sociedade aberta e os seus inimigos Paidos 1980.
- PICKOVER C From Arquinedes to Hawking Drakontos 2008 ; The Book of Mathematics Bookseller 2009.
- ROSSIJ America el gran error de la Historia oficial Galerna 1980.
- REY J.La revolución científica Icaria 1978.
- STRAUSS C Antropologia estrutural Eudeba 1978
- SARTON G Seis asas Eudeba 1955.
- SEJOURNE M Pensamento Nahuatl nos Calendários s. XXI 1999
- SEDEÑO E El rumor de las estrellas S. XXI 1973.
- STEWART I História da Matemática Drakontos 2008.
- SHAPIN R Revolução Científica Paidos 2000
- SPRAJ C Chuva de Vénus e Milho Científico 1998
- SCHELE-FREIDEL-PARKER O Cosmos Maya Fee 1999
- SOUSTELLE J A taxa maia 1966.
- SANTOS G Los Mayas y el antiguo Imperio Madrid 1981.

- SHARER A taxa da civilização maia 1998.
- TAO T.Universal Laws Research & Science 2015
- THOMPSON E Greatness and Decadence of the Maya Fee 1986 : Maya Archaeology Diana 1980;Commentaries on the Dresden Codex FCE 1993; The Maya Religion s. XXI 1988.
- THOMPKIN R A árvore nasce do inferno Calvin 1992.
- TREJO C Matemática Moderna Eudeba 1973.
- VERNOUX-GODIN- BESNNNARD Plantas que fazem matemática Investigação e ciência 2019.
- WALLRSTEIN Rethinking Social Science in the 21st Century 2007.
- WHITEHEAD D Aventura de ideias Fábrica 1961.
- WEINBERG S Explicando o Mundo Touro 2016
- WILCZEK F O mundo como uma obra de arte. Drakontos 2016.
- WULF Uma invenção da natureza. Touro 2016.

DADOS DO AUTOR

Eduardo A. Campi: Psicólogo infantil (Universidade Autónoma de Entre Ríos), Professor de Psicologia (Universidade Tecnológica Nacional, Colégio do Uruguai "Justo José de Urquiza") Concepción del Uruguay, Entre Ríos.

Viagens de estudo: Suíça (a convite da Fundação PIAGET), México e Brasil (conferencista sobre o tema Maia).

Prémios e reconhecimentos:

- 1987 - Escola Kennedy (Epistemologia)
- 1998 - Artes e Ciências (Sociologia)
- 1992 - FAGAP (Psicologia)
- 2010 - Entre Ríos (Direitos Humanos).

Página de rosto de CONTRATAPA:

Os Maias no século II, começaram a passar o nível pré-moderno e entre os séculos III-IV de. ha estavam com a sua ciência, no nível Moderno. Neste livro há uma síntese das Leis Temporais científicas (Ciência Clássica do Calendário), que os Maias escreveram e enunciaram sobre ela.

yes
I want morebooks!

Buy your books fast and straightforward online - at one of world's fastest growing online book stores! Environmentally sound due to Print-on-Demand technologies.

Buy your books online at
www.morebooks.shop

Compre os seus livros mais rápido e diretamente na internet, em uma das livrarias on-line com o maior crescimento no mundo! Produção que protege o meio ambiente através das tecnologias de impressão sob demanda.

Compre os seus livros on-line em
www.morebooks.shop

info@omniscriptum.com
www.omniscriptum.com

Printed by Books on Demand GmbH, Norderstedt / Germany